24小時大發現
飛向太空站

作者／羅伯‧洛伊德‧瓊斯（Rob Lloyd Jones）

繪者／洛朗‧克林（Laurent Kling）

翻譯／江坤山

設計／薩曼莎‧巴瑞特（Samantha Barrett）

編輯／露絲‧布洛克赫斯特（Ruth Brocklehurst）

顧問／利比‧傑克森（Libby Jackson）、
史都華‧艾特金森（Stuart Atkinson）

傑克森是英國太空總署的探索科學經理。
艾特金森是推廣教育家，著有多本關於天文學和太空旅行的書。

遠流

想透過網站和影片，深入了解太空人在太空站的生活嗎？
請前往網址：usborne.com/Quicklinks，
在搜尋欄裡輸入「24 Hours In Space」就能找到。

網站裡蒐集了很多活動，雖然是英文的，
但可以請人幫忙說明和列印，
可進行的活動如：

· 觀看太空人在國際太空站裡漂浮和運動的影片。
· 了解太空人如何在無重力的狀態下吃點心。
· 跟著太空人參觀國際太空站，看看裡面有什麼。
· 進行有趣的小測驗，回答問題，看看自己是否具備成
  為太空人的條件。
· 查詢國際太空站什麼時候會經過你家上空。

請遵守上網安全規則，找大人陪同。
出版商不對外部連結網站的內容負責。

目　錄

到第 10 頁看看我們在太空站會吃的食物。

你的夢想是成為太空人嗎？我的太空人訓練日記從第 26 頁開始。

如何在太空中上廁所？翻到第 30 頁了解這件生活中最重要的事。

現在，讓我們來到外太空，這兒很高，位在地球上空*。

國際太空站在外太空漂著，一切是如此寧靜……

直到有人突然驚恐的大喊……

喔不！它漂走了！

它鬆脫了！

讓我把它拿回來……

* 距離地球表面大約 400 公里。

國際太空站
怎麼停留在太空中？

1. 國際太空站受到地球重力的吸引，會朝著地球墜落……

2. 但太空站同時以每小時28163公里的速度，高速向前進。

3. 太空站只要保持這樣的速度，就不會墜落到地表，而能沿著地球周圍飛行——這叫「軌道運行」。

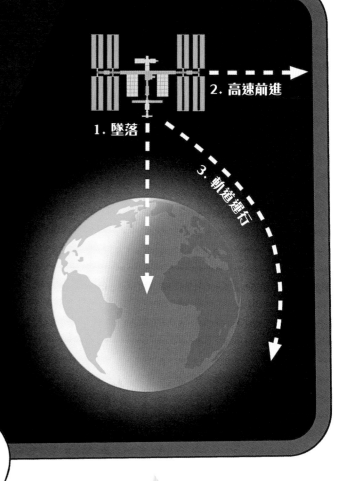

2. 高速前進

1. 墜落

3. 軌道運行

物體因重力而往下墜，太空中所有東西感受不到重力，會一起自由落下，就像漂在空中。

這種狀態就是「無重力」。由於我們漂在半空，所以太空站沒有地板也沒有天花板……

唉唷！

老實說，要習慣無重力的生活沒那麼容易。

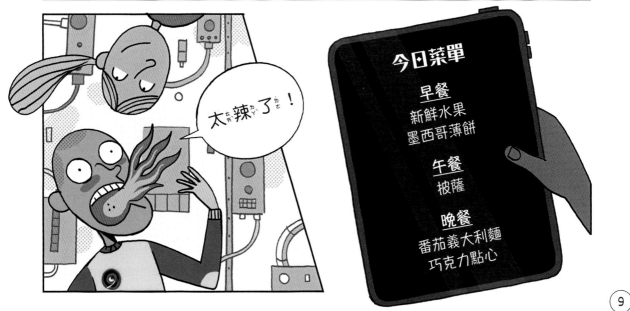

太空食物

出發前太空人會挑選食物。這些特製食物能保存好幾個月，而且不會產生碎屑，才不會漂進儀器，影響運作。

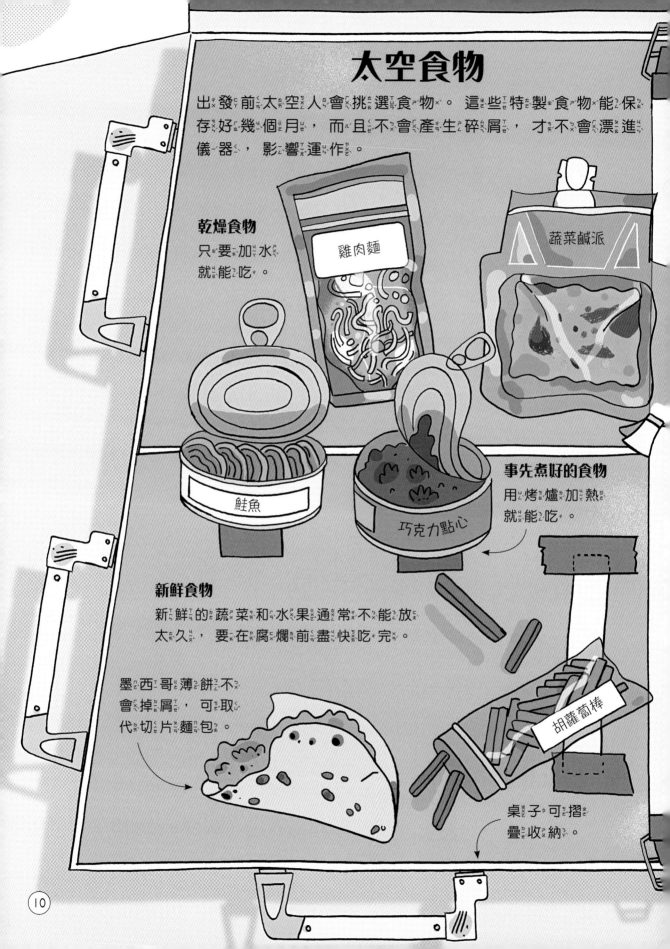

乾燥食物
只要加水就能吃。

雞肉麵

蔬菜鹹派

鮭魚

巧克力點心

事先煮好的食物
用烤爐加熱就能吃。

新鮮食物
新鮮的蔬菜和水果通常不能放太久，要在腐爛前盡快吃完。

墨西哥薄餅不會掉屑，可取代切片麵包。

胡蘿蔔棒

桌子可摺疊收納。

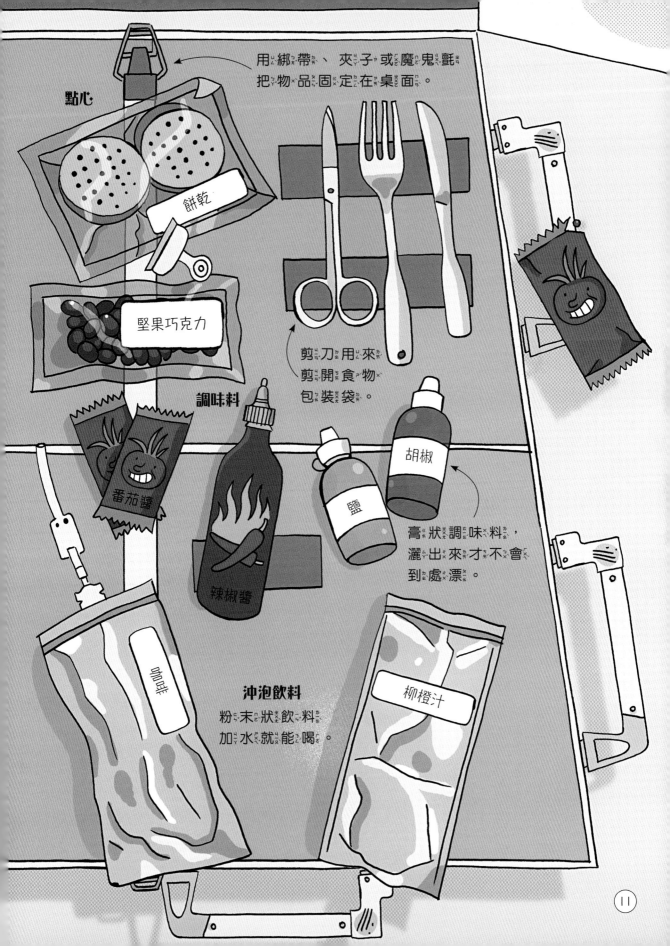

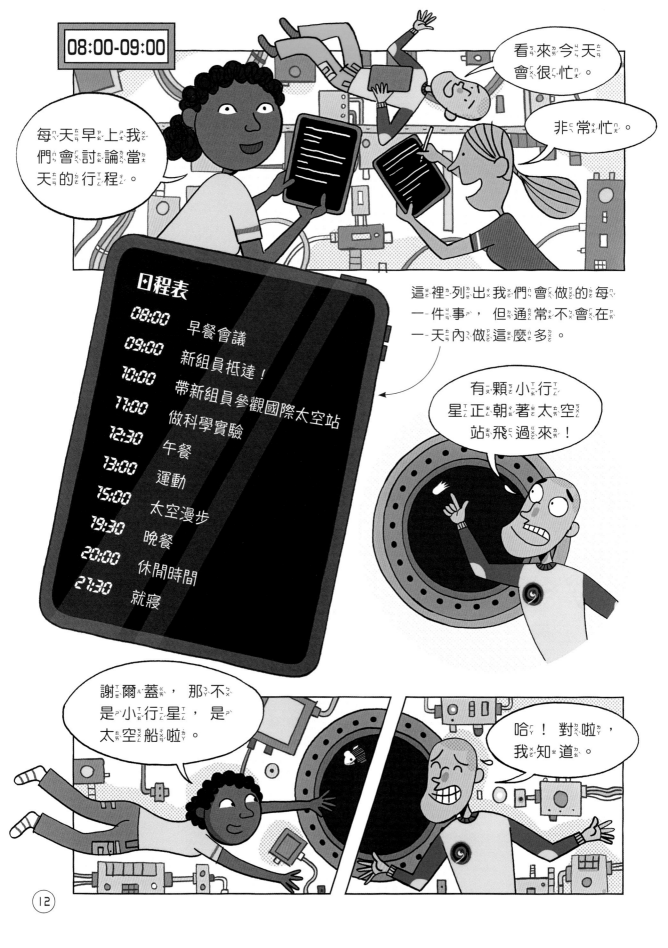

那艘太空船載著要加入我們的四名組員。

你可能會好奇，他們怎麼從地球來到這裡？

讓我說明一下……

今天稍早在地球上，太空人準備登上太空船。

興奮又緊張的微笑

太空裝

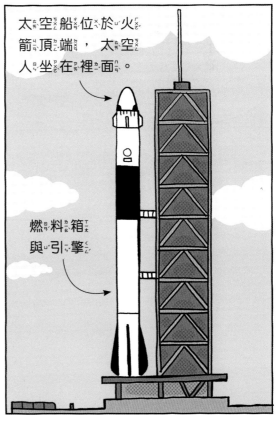

太空船位於火箭頂端，太空人坐在裡面。

燃料箱與引擎

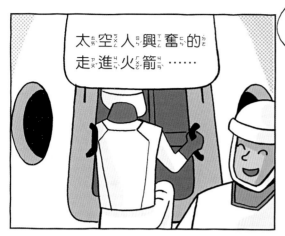

太空人興奮的走進火箭……

請檢查起飛的操控裝置。

任務控制中心開始倒數。

5、4、3、2、1

呀！

發射！

前往太空！

火箭升空後只要經過 70 秒，速度就能超過音速，這是非常快的上升速度。

當火箭飛到更高處，有些組件會分離！不過別擔心，這在計畫之中。

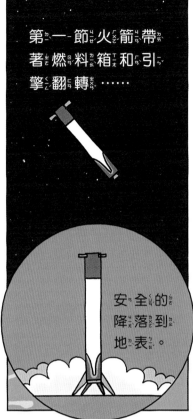

第一節火箭帶著燃料箱和引擎翻轉……

安全的降落到地表。

接下來第二節火箭會分離，剩下載有組員的太空船。

這節火箭會在地球的上層大氣中燒毀。

組員的吉祥物

喔，東西開始漂起來了！

哇！我們進入太空了！

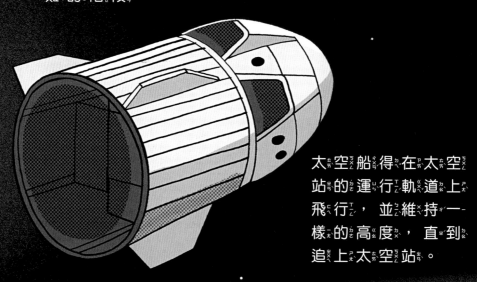

現在，要進入最困難的階段……

太空船得在太空站的運行軌道上飛行，並維持一樣的高度，直到追上太空站。

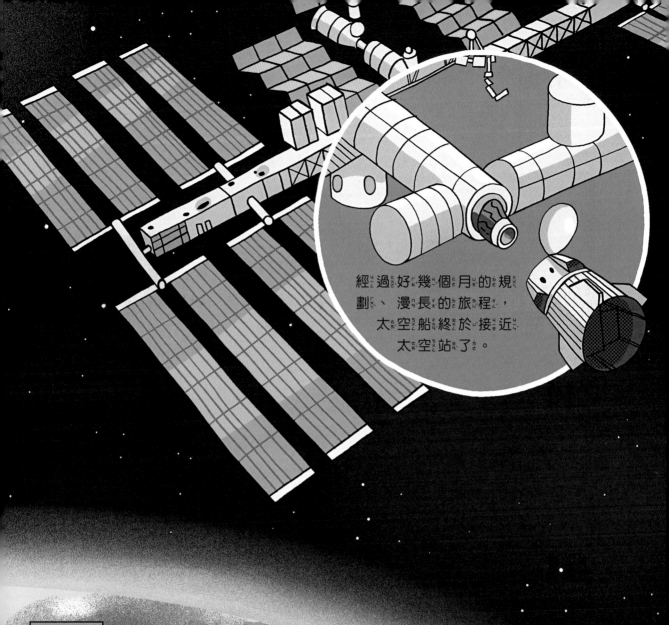

經過好幾個月的規劃、漫長的旅程，太空船終於接近太空站了。

09:00

你們看，它即將與太空站連接。

有時任務控制中心會發射貨運太空船，它運送的不是組員，而是補給品。

貨運太空船

必要的補給品

氧氣桶

氧氣非常重要，我們在太空站需要它才能呼吸。

對太空人來說，新鮮水果就像巧克力棒一樣特別。

袋裝食物

不一定必要的補給品

衣物

車訊　時尚

雜誌和書

各種巧克力棒！

我們會把補給品搬下來，再把不需要的東西裝上貨運太空船。

終於可以擺脫謝爾蓋的臭襪子了。

待洗衣物

袋裝垃圾

用過的食物包裝袋

有些貨運太空船會飛回地球，嘩啦一聲降落在海上……

船再把它吊起。

有些貨運太空船會在地球上層大氣燒起來，整艘太空船燃燒殆盡。

就像巨型煙火。

哇……

透視國際太空站

太空站由許多的太空艙組合而成，把各個太空艙連結起來的小艙叫做節點。

圖中可透視的太空艙只是為了讓你看清楚內部。

太空人一起用餐的地方。

新組員抵達的地方。

有些太空人睡在這裡。

科學研究室

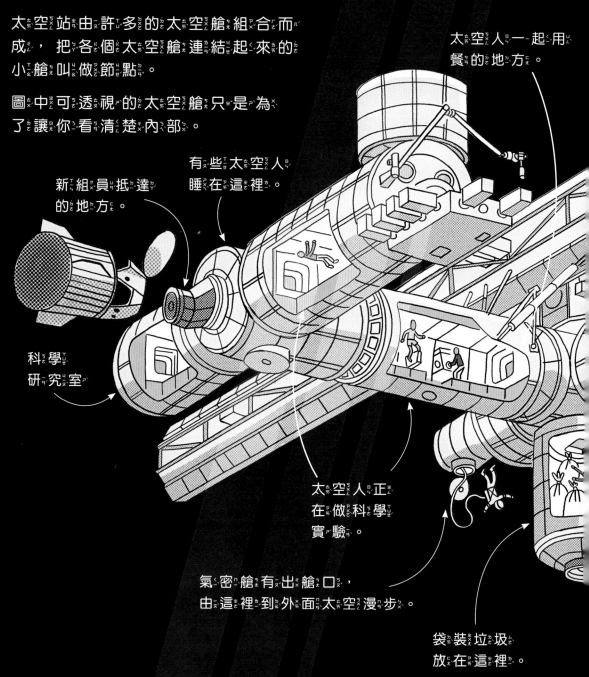

太空人正在做科學實驗。

氣密艙有出艙口，由這裡到外面太空漫步。

袋裝垃圾放在這裡。

太空站是好幾個國家的太空總署合作建造的，花了大約 20 年，由一個一個的組件組合起來。

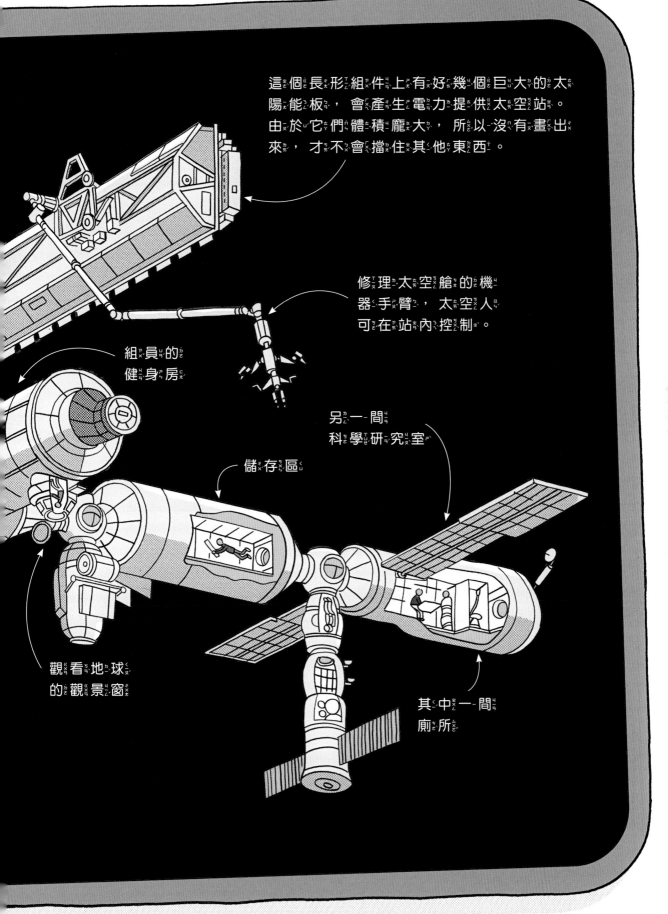

這個長形組件上有好幾個巨大的太陽能板，會產生電力提供太空站。由於它們體積龐大，所以沒有畫出來，才不會擋住其他東西。

修理太空艙的機器手臂，太空人可在站內控制。

組員的健身房

另一間科學研究室

儲存區

觀看地球的觀景窗

其中一間廁所

貝琪的訓練日記

抵達太空總署，展開五年的太空人訓練！

真緊張！

太空總署

有些人原本是飛行員、醫生，或是工程師，例如我。

這是「基礎課程」，但內容其實不簡單。

我們花很多時間學習火箭和太空船的運作方式。

我們也學習俄語，因為有些任務是從俄羅斯升空。

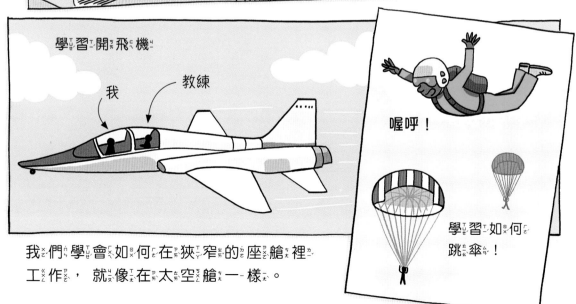

學習開飛機

我

教練

喔呼！

學習如何跳傘！

我們學會如何在狹窄的座艙裡工作，就像在太空艙一樣。

還要學野外求生技巧，以免哪天太空船不幸墜落在野外……

直升機載我們到偏遠山區

已在顫抖

升營火

我們也學習海上求生技巧，只不過是在游泳池裡學。

搭建避難所

練習把組員救上岸，還得從下沉的太空船逃出。

還在顫抖

還要做許多種健康檢查！

我們必須身強體健，才能應付太空旅行的生理考驗。

進行各種考試

通過的人才可以進入下一個訓練階段……

這個訓練在太空站模型進行，它和真實太空站一樣大。

我們花很多時間記住每樣東西的位置。

我們得接受無重力狀態的訓練。

訓練用的飛機很特別，能製造出無重力狀態。

它像雲霄飛車一樣，以很陡的角度往上和往下飛。

每當飛機從高處往下衝，我們會感覺自己像在漂浮。

這架飛機的綽號叫做「嘔吐彗星」，因為以這種方式飛行，會讓人想吐。

真有趣！

嘔！

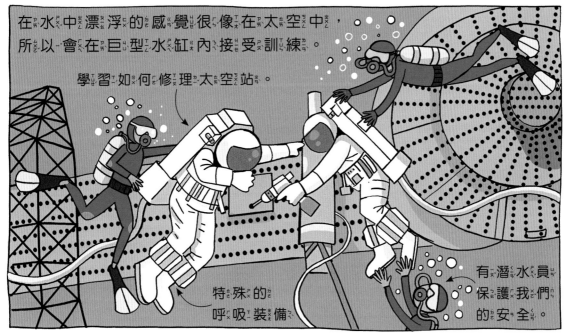

在水中漂浮的感覺很像在太空中，所以會在巨型水缸內接受訓練。

學習如何修理太空站。

特殊的呼吸裝備

有潛水員保護我們的安全。

我們也會使用高科技虛擬實境眼鏡。

太酷啦！

透過高科技眼鏡看影像……

感覺就像在太空中。

最後，我們必須練習每一件會在太空站裡做的事。

訓練表

科學實驗	☑
安全檢查	☑
通訊	☑
吃太空食物	☑
使用廁所	☑

照片裡的這天，我獲選加入太空站任務！珍和謝爾蓋也入選了！

我的太空夥伴！

10:30

來到太空站了，你想先參觀哪裡？

廁所！我快忍不住了。

喔……往這裡走！

這是太空廁所！它就像吸塵器，利用吸力把所有東西往下吸。

否則排泄物會在太空站裡亂漂……

我不敢想像，呃……

腦中出現畫面了。

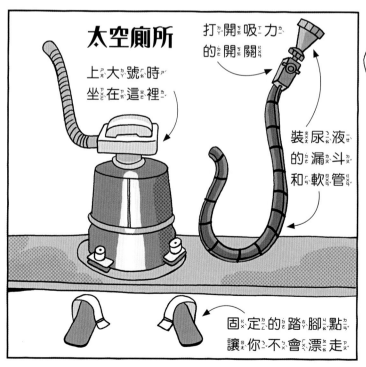

太空廁所

打開吸力的開關

上大號時坐在這裡

裝尿液的漏斗和軟管

固定的踏腳點讓你不會漂走

你會好奇排泄物去哪裡嗎？

其實……

我們把便便裝進袋，放上運送垃圾的太空船，這艘船會在地球大氣層燒毀，就像一顆臭流星。

你想知道怎麼處理尿液嗎？

不，我沒……

應該可以這麼說，我們會喝掉！水在這裡很珍貴，所有尿液會進到回收系統，轉化成飲用水。

先把尿液煮沸成水蒸氣。

再讓水蒸氣凝結……

接著過濾掉髒東西，例如皮膚細胞和灰塵。

尿液的回收過程

最後得到能喝的水！整個過程要花八天。

加入化學物質：碘。

再次加熱殺死細菌。

怎麼樣？很酷吧！

其實我學過，而且我真的很想上廁所。

喔，抱歉！

太空科學實驗的應用

在太空中做的各種實驗，能改善人們在地球上的生活。以下是一些例子：

先進的雷射眼科手術

還有腦科手術

研發新的金屬，製造更輕巧的飛機

為醫院設計出更精良的掃描儀器

新金屬也能製做更強壯的義肢

防止沾了汗水的衣物變臭

創造更有效率的廢水回收系統

還有讓太空旅行更安全的實驗，未來我們才能飛得更遠……

並且進一步……

探索太陽系。

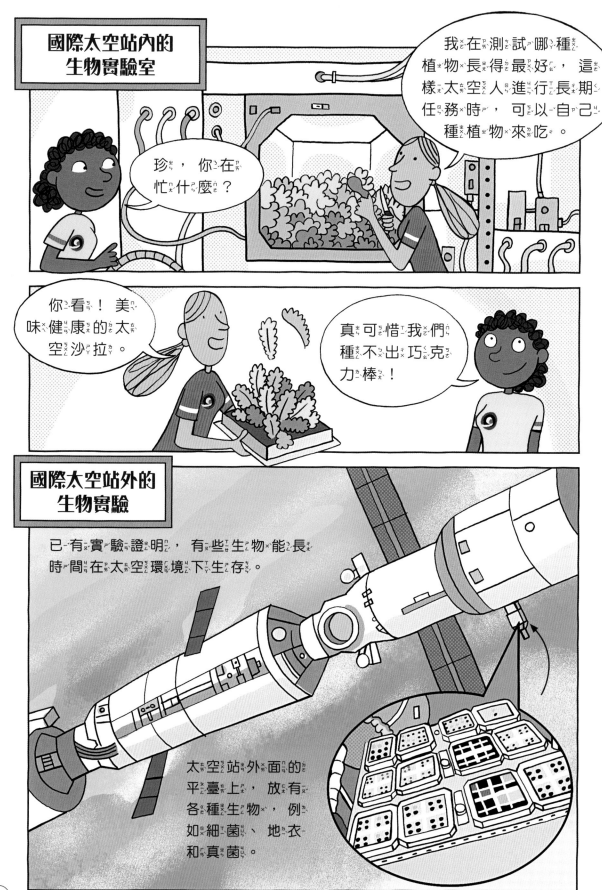

國際太空站內的生物實驗室

珍，你在忙什麼？

我在測試哪種植物長得最好，這樣太空人進行長期任務時，可以自己種植物來吃。

你看！美味健康的太空沙拉。

真可惜我們種不出巧克力棒！

國際太空站外的生物實驗

已有實驗證明，有些生物能長時間在太空環境下生存。

太空站外面的平臺上，放有各種生物，例如細菌、地衣和真菌。

物質科學實驗室

研究液體和材料在無重力環境下的特性。

謝爾蓋，你在做什麼實驗？

這是跟火有關的實驗！

應該很安全吧？

當然，火在無重力下的表現不同。我在測試爆炸時的滅火方式。

呃，爆炸？

別擔心，一切在掌控中。你知道這按鈕的功能嗎？

我還是先離開吧……

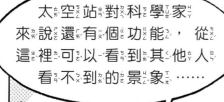

太空站對科學家來說還有個功能，從這裡可以看到其他人看不到的景象……

那是地球！我們拍了很多照片給科學家研究。

太空站外面的攝影機會拍攝地球的即時影像，讓人們在網路上觀賞。

攝影機

科學家透過影像，研究冰河或雨林等環境的變化。

農夫和牧場主人依據田園影像，決定如何種植作物。

救援隊可根據災區的影像，例如洪水氾濫或火山噴發區域，規劃救援任務。

其他太空科學實驗

燃燒現象

這項實驗觀察不同燃料在無重力下的燃燒方式。

太空人發現有種燃料看起來好像熄滅了，但其實還在燃燒，就像是「隱形火」！

你看，謝爾蓋在用隱形火烤棉花糖。

（好啦，這個實驗其實沒發生，不然一定很酷！）

這項發現能幫助地球上的科學家開發出比較環保的引擎。

宇宙的起源

這項實驗讓原子保持在極低溫，研究它們在無重力下的特性。

這有助於呈現宇宙可能的起源方式。

太空人也會電擊太空灰塵，觀察它們如何聚集在一起。

這能幫助我們了解行星怎麼形成。

生物的太空生活

人類曾把許多生物送上國際太空站，仔細照顧並觀察牠們在無重力下的生長情形。

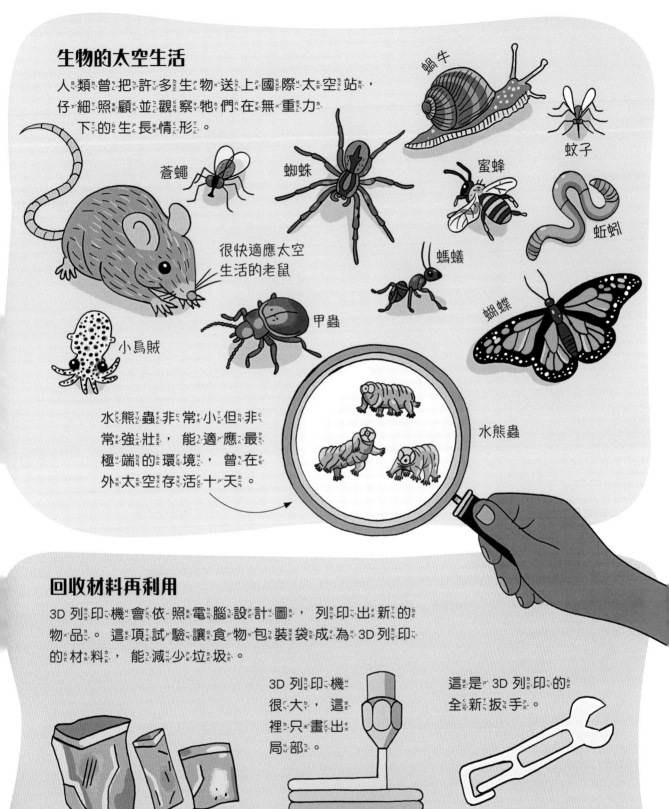

蝸牛

蚊子

蒼蠅

蜘蛛

蜜蜂

蚯蚓

很快適應太空生活的老鼠

螞蟻

蝴蝶

小烏賊

甲蟲

水熊蟲非常小但非常強壯，能適應最極端的環境，曾在外太空存活十天。

水熊蟲

回收材料再利用

3D 列印機會依照電腦設計圖，列印出新的物品。 這項試驗讓食物包裝袋成為 3D 列印的材料，能減少垃圾。

3D 列印機很大，這裡只畫出局部。

這是 3D 列印的全新扳手。

在太空中進行長期任務的太空人， 沒辦法立即從地球取得補給， 必須自己製造工具， 這項技術對他們來說很有用。

科學家在太空站有另一組研究對象是⋯⋯

太空人！

他們研究太空生活如何影響太空人，尋找在太空維持健康的方法。

我的手變成橘色了！

別緊張，只是橘色光線啦。

哈，對。

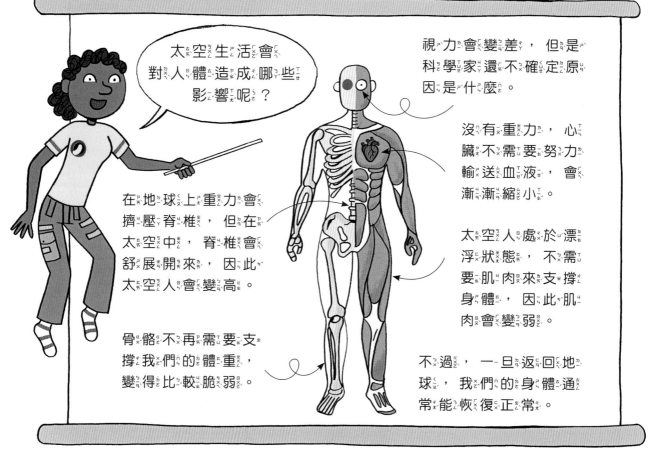

太空生活會對人體造成哪些影響呢？

視力會變差，但是科學家還不確定原因是什麼。

沒有重力，心臟不需要努力輸送血液，會漸漸縮小。

太空人處於漂浮狀態，不需要肌肉來支撐身體，因此肌肉會變弱。

在地球上重力會擠壓脊椎，但在太空中，脊椎會舒展開來，因此太空人會變高。

骨骼不再需要支撐我們的體重，變得比較脆弱。

不過，一旦返回地球，我們的身體通常能恢復正常。

為了保持健康，每天都要運動。

我準備好去運動了。

由紀，其實不需要穿成這樣……

你說穿成哪樣？

沒事！我帶你去太空健身房……

太空站裡有三種運動健身器材。

健身腳踏車

阻力訓練機

跑步機

我們每天至少要運動兩個小時。

我在這裡練多久了？

只有兩分鐘，也許你該跑慢點？

太空裝

這種裝備叫艙外機動裝置，就像個迷你太空船，能讓太空人安全的在太空站外行動。

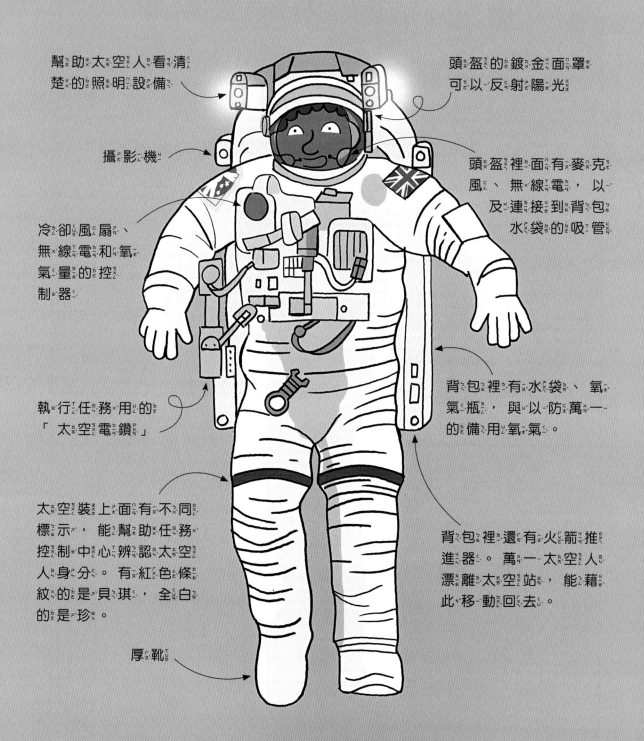

幫助太空人看清楚的照明設備

攝影機

冷卻風扇、無線電和氧氣量的控制器

執行任務用的「太空電鑽」

太空裝上面有不同標示，能幫助任務控制中心辨認太空人身分。有紅色條紋的是貝琪，全白的是珍。

厚靴

頭盔的鍍金面罩可以反射陽光

頭盔裡面有麥克風、無線電，以及連接到背包水袋的吸管

背包裡有水袋、氧氣瓶，與以防萬一的備用氧氣。

背包裡還有火箭推進器。萬一太空人漂離太空站，能藉此移動回去。

15:30，太空人準備進行太空漫步

我好期待能到外面，但我們不能直接衝出去。

我們得依序通過有三道安全門的氣密艙。

第一道門會在我們通過後密封，太空站的空氣才不會流出去。

我們會在這裡待上一小時左右，讓自己習慣從背包的氣瓶吸取氧氣。

這裡的空氣會抽走，形成跟太空中一樣的真空狀態。

接下來我們漂過第二道門，進到另一個房間。

第三道門後就是通往外面的艙口。

檢查太空裝的繫繩確實與太空站連接，我可不想漂離太空站。

這很重要！

最後，打開艙口，進入太空！

我們要過去了⋯⋯

小心，不要輕易冒險。

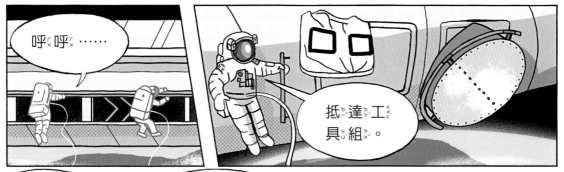

呼呼⋯⋯

抵達工具組。

拿到綁帶了！

現在去修理鬆脫的板子吧。

幾分鐘之後⋯⋯

貝琪？珍？聽得到嗎？我們失聯了。

無線電故障了，我正在修理。

還好嗎？她們在哪裡？

我有點擔心⋯⋯

太空人回到太空站裡

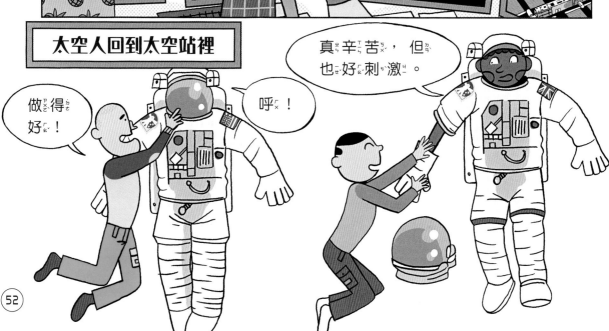

看書

呃，我想我不該看太空恐怖電影……

觀賞電影

我想念大家！

跟家人視訊聊天

謝爾蓋，這在無重力狀態下好像行不通。

下棋

彈吉他

我永遠忘不了這一幕。

欣賞壯觀的景色

無重力狀態下，水不會像在地球上那樣流動。

如果太空人想淋浴，只會弄得水珠到處漂。

不過我們每個人都有一套梳洗用具，裡面一應俱全。

我們會用溼紙巾擦拭臉部和身體。

刷牙時，先擠出一點點牙膏……

然後擠出水珠，用嘴巴含住。

刷牙時必須闔起嘴巴，泡泡才不會漂出來弄得一團亂！

把嘴裡的泡泡用紙巾包起來。

一口清新！

我還需要一些助眠用品，這樣就能好好睡覺了。

耳塞可以擋住太空站持續發出的噪音。

太空站的燈隨時都是亮的，所以一定要準備眼罩。

晚安了各位！

祝好夢。

晚安，貝琪！

明天又是重要的一天。

真期待另一個太空中的日子。

我等不及了！

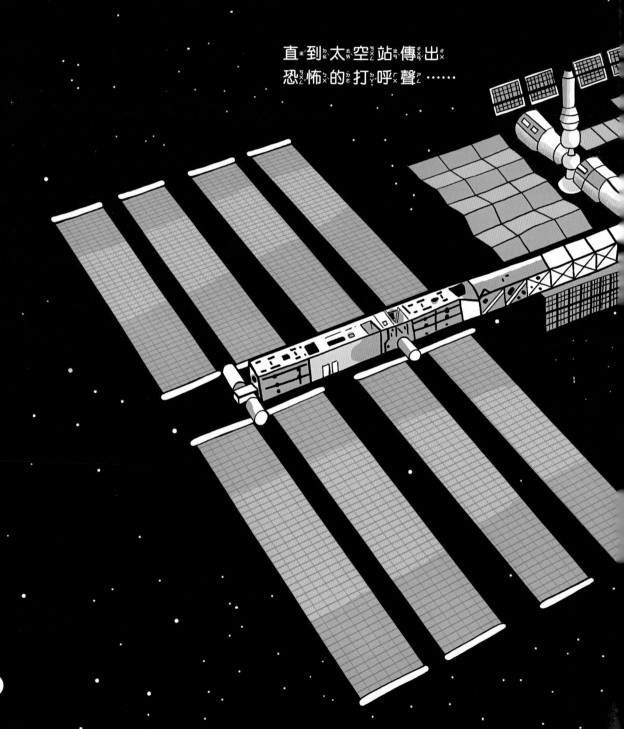

21:30-06:00

這兒是外太空，位在地球上空很高的地方。

國際太空站在外太空漂著，一切是如此寧靜……

直到太空站傳出恐怖的打呼聲……

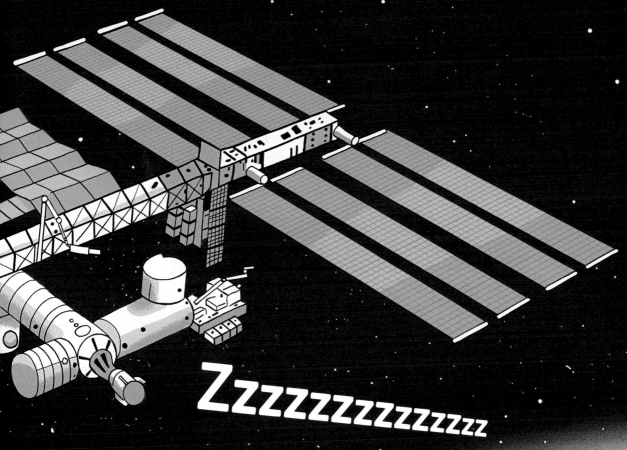

Zzzzzzzzzzzzzz

如何從太空站返回地球？

每次太空任務會花上三到六個月，通常我們會跟一起上太空站的組員同時返回，所以等我結束後，會和珍與謝爾蓋一起回到地球。

> 接下來是人們經常詢問太空人的問題……

那時我們將爬進太空船，接著太空船會與太空站分離。

推進器會發動，把我們推離太空站。

當我們進到地球大氣，快速下降的太空船會產生大量的熱，甚至是火焰。

不過，太空船外面的防熱板能保護我們的安全。

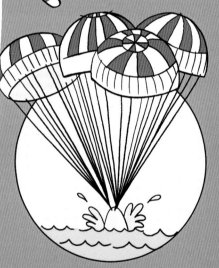

由四個巨大的降落傘減緩太空船落下的速度……

然後我們會墜落在海面上。

任務控制中心會計算我們從太空站回地球的路徑，派船來降落地點接我們。

回到地球的感覺很棒，但也有點奇怪。
一旦你從太空中看過地球，一切就不再相同了。

太空人回到地球後會做什麼？

有些人會再次飛向太空站，執行新任務。有些人會留在太空總署工作，利用自身的經驗幫助其他太空人執行任務，或是為將來的太空旅行訓練太空人。

我在地球上看得到太空站嗎？

可以，但只有在特定時間，而且夜空要很晴朗。你可以尋找劃過天際的白光亮點，光點的移動速度大概跟飛機一樣快，但不會閃爍。如果會閃爍的話，可能是飛機。

你可以從美國太空總署的網站，找到太空站通過你家上方的確切時間。

如果你看見了太空站，請記得向我們揮揮手！

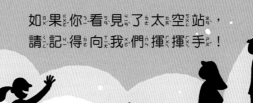

名詞解釋

這裡解釋書中的一些專有名詞。按筆畫順序排列。

3D 列印機： 這種機器會按照電腦設計圖列印出物品。

小行星： 繞行太陽的岩石。

大氣： 受到重力吸引而圍繞著行星的氣體層。

太空人： 進入太空的人類。

太空站： 繞著地球運行的太空船，太空人在裡面工作與生活。

太空船： 人類進入太空以及在太空中移動的交通工具。

太空漫步： 太空人到太空船外面執行的任務。

太空總署： 負責所有跟太空任務有關事項的政府機構。

太陽系： 太陽以及所有繞著太陽運行的星體，合稱為太陽系。

北極光： 綠色、紅色或紫色的明亮光帶，常出現在北極附近的夜空。

宇宙： 時間、空間以及萬物的總稱。

任務控制中心： 在地球上指引與控制太空任務的團隊。

物質科學： 研究物質、液體和氣體如何運作的科學，包括物理學和化學。

重力： 是指把物體拉向彼此的力。大型物體的重力比小型物體來得大。

軌道： 太空中較小物體受到重力吸引，繞行較大物體的曲線路徑。

氣密艙： 有兩個艙室，避免太空人進出太空船時讓空氣外漏。

貨運太空船： 載運補給品到太空站的太空船。

無重力： 太空人在太空中體驗到「無重量」的感覺。

節點： 連接太空站不同太空艙的小艙。

太空艙： 組成太空站的大型艙組，各有不同功能。

艙外機動裝置： 太空人進行太空漫步時穿的太空裝。

索引

24 小時大發現：飛向太空站
作者／羅伯‧洛依德‧瓊斯（Rob Lloyd Jones）
繪者／洛朗‧克林（Laurent Kling）
譯者／江坤山
責任編輯／盧心潔
美術設計／趙 璦
特約行銷企劃／張家綺
出版六部總編輯／陳雅茜
發行人／王榮文
出版發行／遠流出版事業股份有限公司
地址／臺北市中山北路一段 11 號 13 樓　郵撥／0189456-1
電話／02-2571-0297　傳真／02-2571-0199
遠流博識網／www.ylib.com　電子信箱／ylib@ylib.com
ISBN 978-957-32-9382-8
2022 年 5 月 1 日初版
版權所有‧翻印必究
定價‧新臺幣 380 元

國家圖書館出版品預行編目（CIP）資料
24 小時大發現：飛向太空站 / 羅伯 . 洛依德 . 瓊斯（Rob
Lloyd Jones）作；洛朗 . 克林（Laurent Kling）繪；江坤山譯 .
-- 初版 . -- 臺北市：遠流出版事業股份有限公司，
2022.05 面；公分
譯自：24 hours in space.
ISBN 978-957-32-9382-8（精裝）

1. 太空站 2. 通俗作品　　　　　447.966　　110019813